厉害的昆虫

拨开草丛

[日] 树液太郎/著　　[日] 须田研司/编

陈修齐/译

C1S｜[面] 湖南少年儿童出版社
HUNAN JUVENILE & CHILDREN'S PUBLISHING HOUSE
长沙

今天天气真不错，
适合出门寻找昆虫。

02

03

啊，找到了！

这是金凤蝶，

它飞来田边，是想在欧芹上产卵。

金凤蝶的幼虫会吃掉好不容易长大的欧芹，

但是欧芹还有这么多，稍微分一点给它们也可以吧。

它的花纹好漂亮呀。

金凤蝶

　　经常在草原或田间出没，是一种长着黄色斑纹的凤蝶。它会飞到杜鹃花、蓟（jì）花等花朵上，用像吸管一样的口器吮吸花蜜。雌性金凤蝶喜欢在水芹、胡萝卜、欧芹等植物上产卵。幼虫靠吃植物的叶子长大。夏天时，金凤蝶从虫卵成长为成虫需要30—40天。

啊，它飞走了！

再让我看看你的翅膀嘛——

中华剑角蝗

呀！

不小心摔了一跤。
看来追不上它了……
金凤蝶，再见啦。

好痛呀……

咦？刚刚眼前的草好像动了一下。

它张开腿和翅膀，是想吓走我吗……
是我突然摔倒吓到你了，对不起。

12

是枯叶大刀螳！

枯叶大刀螳

大型食肉昆虫，长着镰刀一样的前足，住在草原或者农田里。捕食的时候，会躲在树叶上或花朵附近，静静地等待猎物出现。当它感到危险时，会张开前足和翅膀，使自己的体形变大，起到威吓敌人的作用。

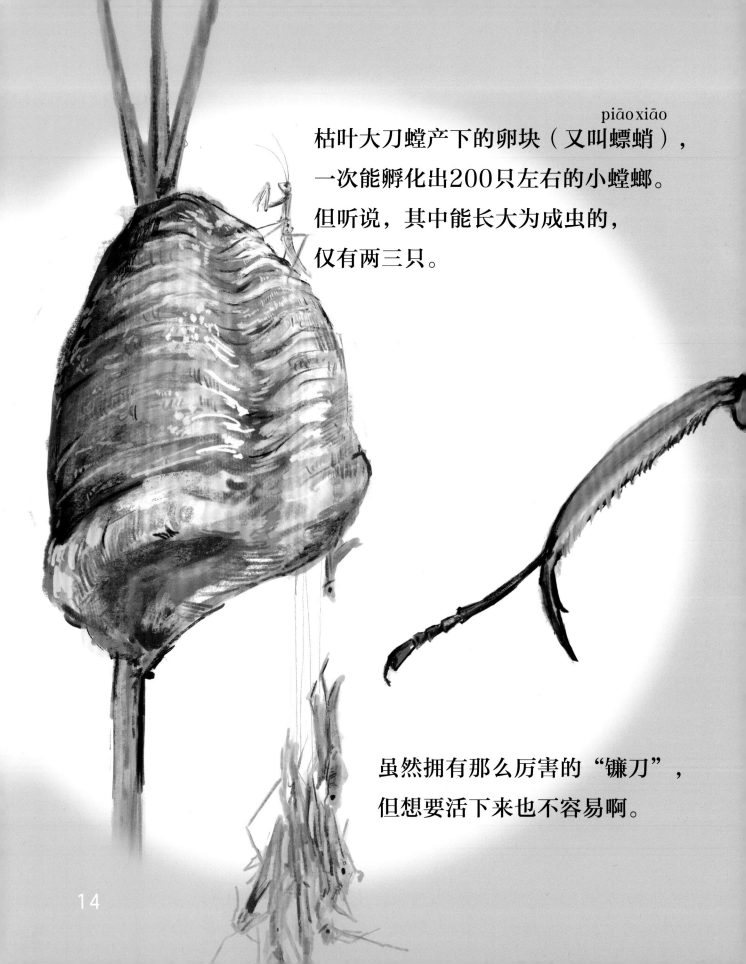

枯叶大刀螳产下的卵块（又叫螵蛸 piāo xiāo），
一次能孵化出200只左右的小螳螂。
但听说，其中能长大为成虫的，
仅有两三只。

虽然拥有那么厉害的"镰刀"，
但想要活下来也不容易啊。

14

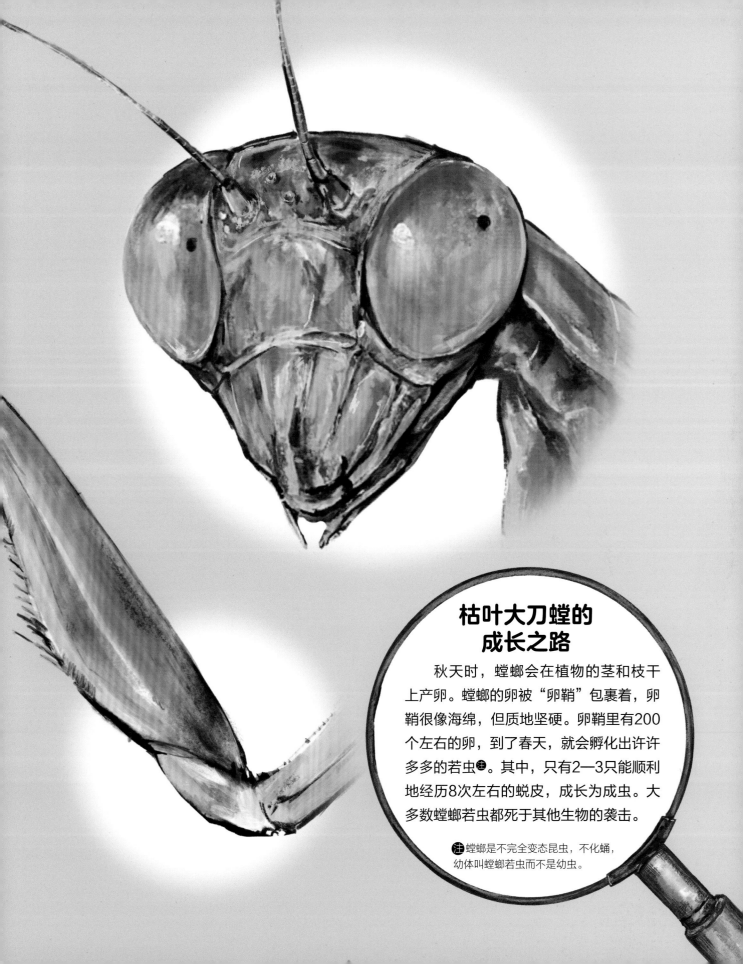

枯叶大刀螳的
成长之路

秋天时，螳螂会在植物的茎和枝干上产卵。螳螂的卵被"卵鞘"包裹着，卵鞘很像海绵，但质地坚硬。卵鞘里有200个左右的卵，到了春天，就会孵化出许许多多的若虫注。其中，只有2—3只能顺利地经历8次左右的蜕皮，成长为成虫。大多数螳螂若虫都死于其他生物的袭击。

注 螳螂是不完全变态昆虫，不化蛹，幼体叫螳螂若虫而不是幼虫。

哇，有什么东西跳过去了！

亚洲飞蝗

  大型食草蝗虫，住在原野或河滩附近。身体呈绿色或褐色。在成长过程中，如果周围没有同类，它的身体会变成绿色；如果周围有许多同类，它的身体则会变成褐色。它的后足非常有力，跳跃的同时会张开翅膀，一次可以跳几十米远。

草<u>丛</u>里跳出了一只亚洲飞蝗，
看起来它对自己的跳跃能力很有自信，
跳跃的同时张开翅膀，嘿——跳得好远！

对面飞来了一只巨大的蜻蜓，
它的速度比亚洲飞蝗快了许多！

21

身上有黑黄相间的花纹，

个头很大，它是——

巨圆臀大蜓！

为什么它总是贴着水边飞呢？

22

巨圆臀大蜓

　　经常能在清澈的小河边见到它的身影。它会在空中捕食体形比自己小的昆虫，比如苍蝇或者飞蛾。巨圆臀大蜓在蜻蜓家族里堪称"巨无霸"，它也是中国最大的蜻蜓。

从刚才开始，
巨圆臀大蜓就在不停地把屁股伸进河水里……
看样子，它是在产卵！
巨圆臀大蜓小时候是生活在水里的，
等到长大之后，
它才可以在天空中自由自在地飞翔。

24

巨圆臀大蜓的
成长之路

巨圆臀大蜓把卵产在河底的淤泥或沙砾中。大约一个月后，蜻蜓卵会孵化成叫"水虿（chài）"的若虫，在水里生活。最开始，水虿以水蚤（zǎo）、孑孓（jié jué）等小动物为食，长大一点之后，就会捕食蝌蚪或者小鱼。水虿要经过十几次蜕皮才能变成蜻蜓成虫，这个过程要花费3—4年的时间。

注 孑孓是蚊子的幼虫，是蚊子的卵在水中孵化出来的。

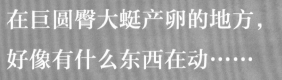

在巨圆臀大蜓产卵的地方，
好像有什么东西在动……

26

异色灰蜻

cōng
黑暗色螅

chūn
螳蝎蝽

负子蝽

28

碧伟蜓的若虫

这里果然有许多昆虫！
那只在正中央游动的昆虫，
我在书上看到过！

它游得很快，像潜水艇一样。
我要是也能游得这么快就好了。
它是不是在寻找食物呢？

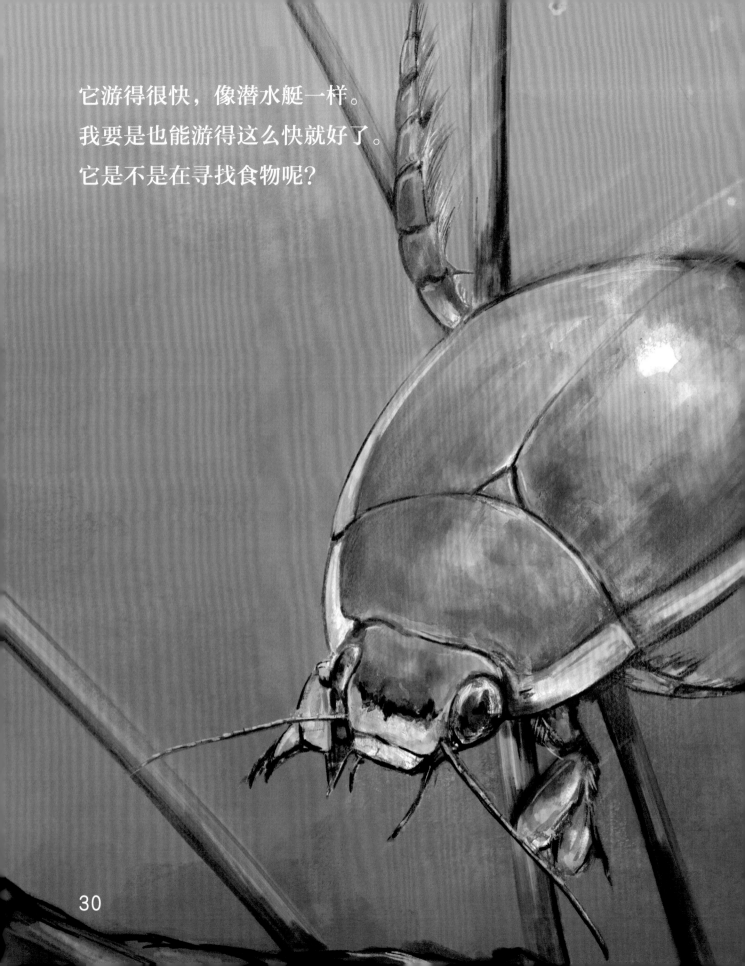

龙虱 shī

生活在沼泽或水田里的昆虫。它会用尾部尖端吸收空气，储存在腹部和翅膀的空隙，凭借储存的空气在水中呼吸。龙虱的后足长着许多长毛，像两把刷子，便于在水中快速游动，捕食昆虫、小鱼和蝌蚪。

biē

田鳖

水生昆虫，生活在沼泽或水田里。它喜欢攀住水草，静静等待猎物现身，用镰刀一样的前足捕捉青蛙或小鱼。近些年因为滥用农药和环境污染，田鳖的数量越来越少，甚至有灭绝的趋势。

龙虱在水中快速地游动着，
田鳖却一动不动，
它是在假扮落叶吗？

啊，我知道了！

田鳖为了抓住游过来的猎物，

正在静静等待。

一旦用巨大的前足逮住猎物，

它就会死死地抓住，绝不放开！

龙虱和它不一样，

龙虱四处游动是为了捕食死掉的或是弱小的生物。

我的肚子饿得咕咕叫了。
不知不觉已经傍晚了啊，
我得赶紧回家了。
天空中有许多黄蜻在飞舞，
它们也要回家了吗？

草丛里传来各式各样的虫鸣声，
看来夜晚的昆虫要开始活动啦。

草蝗

zhōng
草螽

黄脸油葫芦

38

日本钟蟋

现在，那些昆虫在做什么呢？

明天，我又会遇到什么样的昆虫呢？

41

有机会的话，好想去寻找夜晚的昆虫啊……

42

图书在版编目（CIP）数据

厉害的昆虫. 拨开草丛 / (日) 树液太郎著；(日)须田研司编；陈修齐译
.—长沙：湖南少年儿童出版社，2022.9
ISBN 978-7-5562-6570-1

Ⅰ.①厉… Ⅱ.①树… ②须… ③陈… Ⅲ.①昆虫–儿童读物
Ⅳ.①Q96-49

中国版本图书馆CIP数据核字(2022)第111730号

SUGOI MUSHI ZUKAN KUSAMURA NO MUKO NIHA
©Taro Jueki (2020)
First published in Japan in (2020) by KADOKAWA CORPORATION, Tokyo.
Simplified Chinese translation rights arranged with KADOKAWA CORPORATION, Tokyo.
本书中文简体字翻译版由广州天闻角川动漫有限公司出品并由湖南少年儿童出版社出版。
未经出版者预先书面许可，不得以任何方式复制或抄袭本书的任何部分。

厉害的昆虫 拨开草丛
LIHAI DE KUNCHONG BOKAI CAOCONG

广州天闻角川动漫有限公司 出品

出 版 人	刘星保
著 者	[日]树液太郎
编 者	[日]须田研司
译 者	陈修齐
出版发行	湖南少年儿童出版社
经 销	全国各地新华书店
出 品 人	刘烜伟
责任编辑	罗柳娟
特邀编辑	张 雁
特邀审稿	李一凡
装帧设计	易 莎
制版印刷	中华商务联合印刷（广东）有限公司
开 本	889mm×1194mm 1/16
印 张	3
版 次	2022年9月第1版
印 次	2022年9月第1次印刷
书 号	ISBN 978-7-5562-6570-1
定 价	49.00元

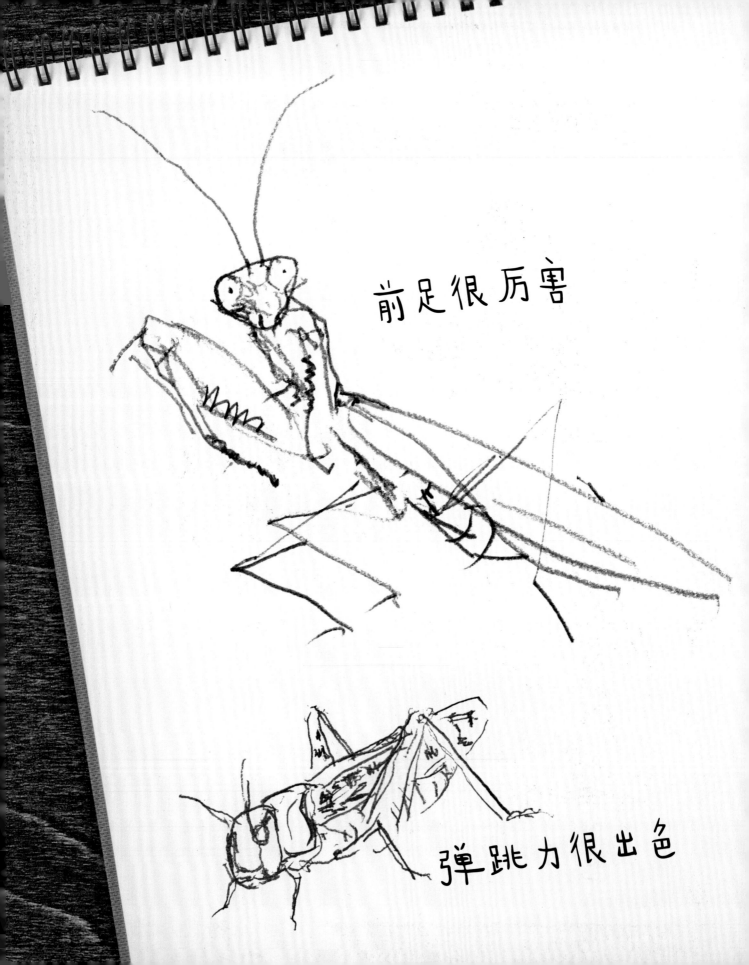

前足很厉害

弹跳力很出色